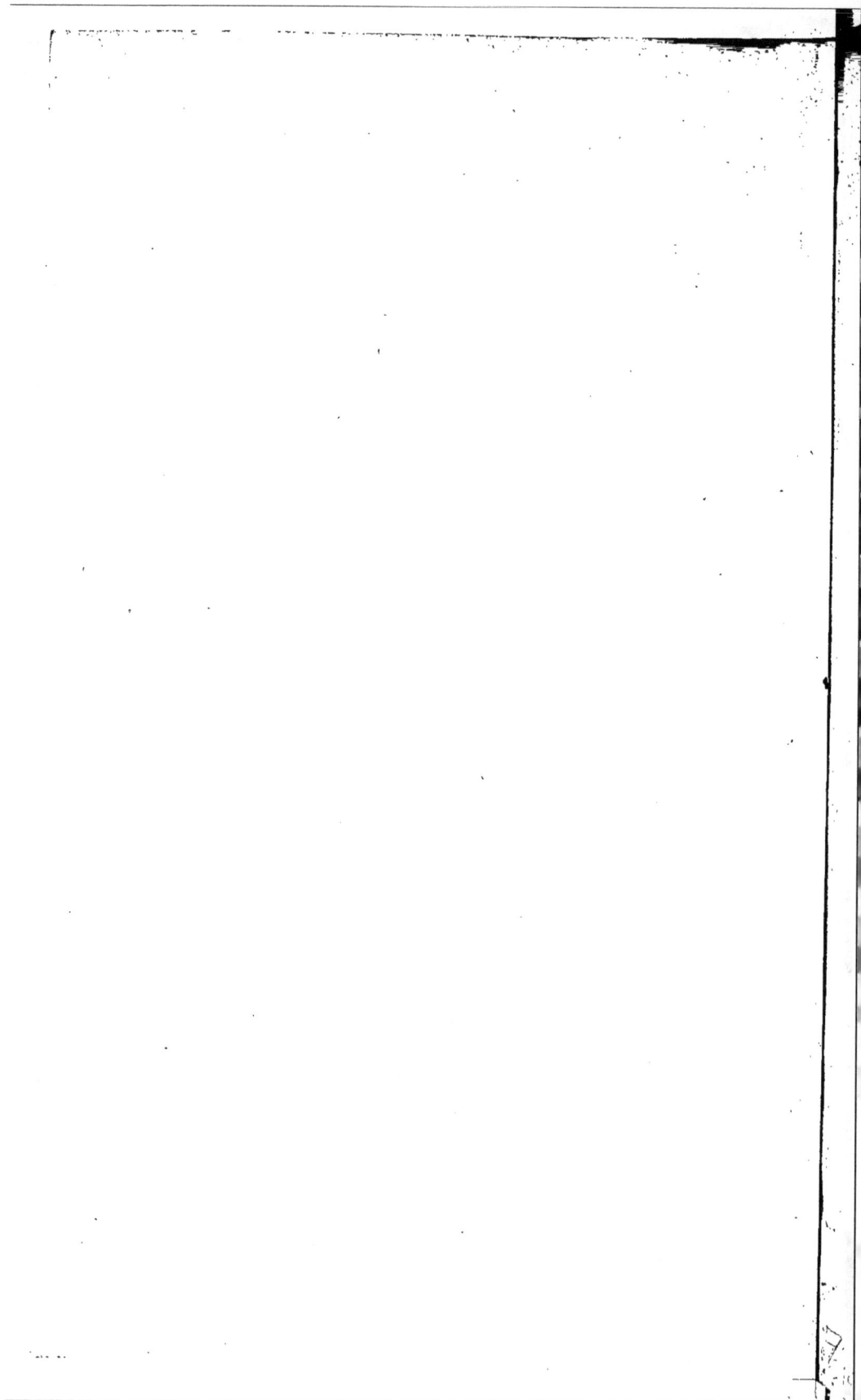

LETTRES

DE

L'AUTEUR

Le Chev.r du Sauzeuil

DE

L'ANATOMIE DE LA LANGUE FRANÇOISE;

A M. LE BARON DE B***.

DU MUSÉE DE PARIS,

A l'occasion du DISCOURS qui a remporté le Prix de l'ACADÉMIE DE BERLIN, sur l'UNIVERSALITÉ DE LA LANGUE FRANÇOISE.

A LONDRES,

Et se trouve A PARIS;

Chez GUILLOT, Libraire de MONSIEUR, Frère du Roi, rue Saint-Jacques vis-à-vis celle des Mathurins, & chez les Marchands de Nouveautés.

1785.

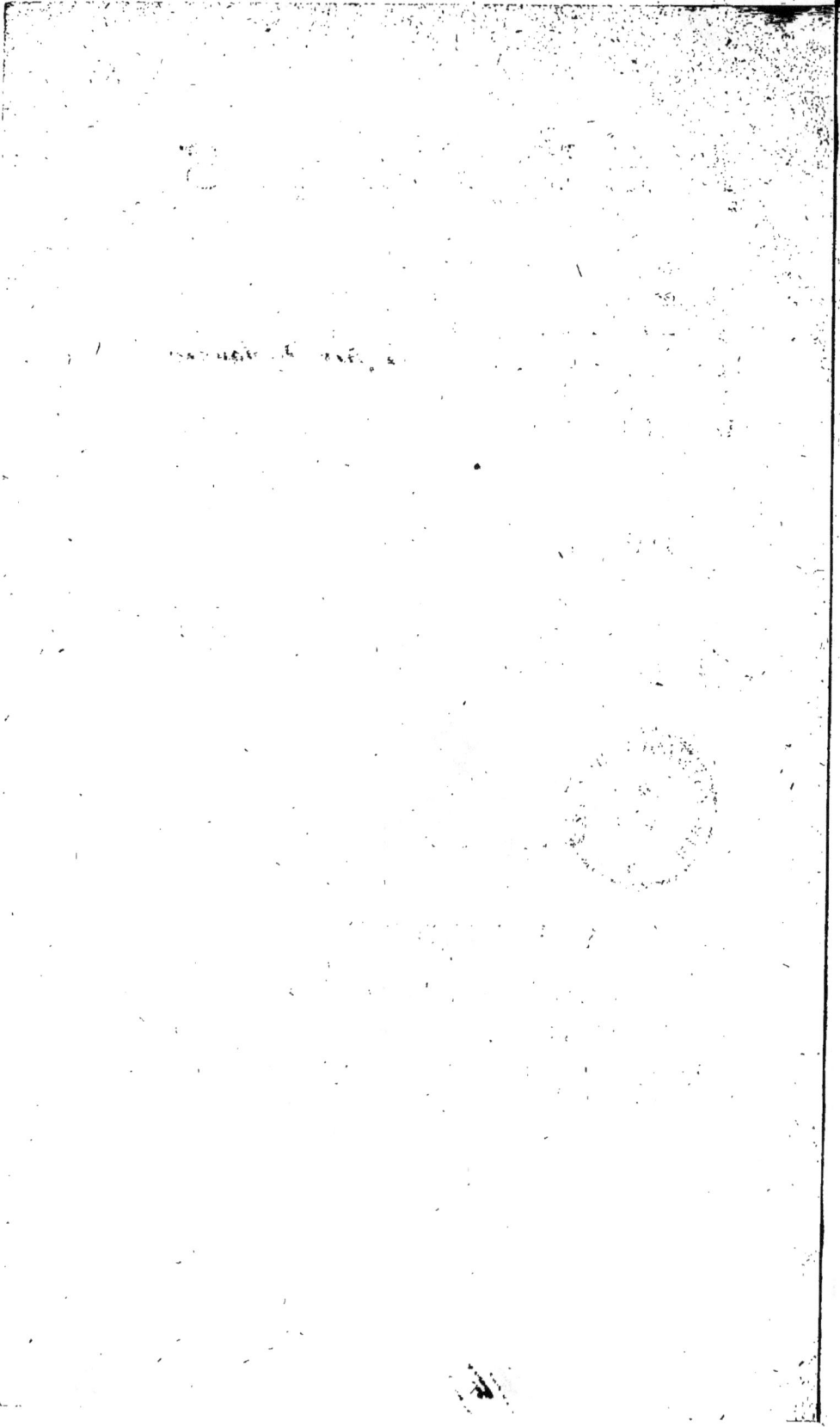

AU LECTEUR.

IL y a déjà long-tems que le Public attend les LETTRES que nous lui donnons aujourd'hui , & qu'il s'impatiente de ne les voir point paroître. Elles étoient prêtes à mettre sous presse dès le commencement de Décembre dernier. Mais , comme ce tems est la saison des Almanachs, il est, par conséquent aussi , le plus critique que l'on puisse choisir dans l'année pour faire entreprendre aux Imprimeurs une nouvelle besogne si petite qu'elle soit. Il a donc fallu se résoudre à laisser passer Décembre & Janvier tout-entiers avant de pouvoir mettre ces LETTRES sous presse , & c'est la seule cause pour laquelle elles ne paroissent qu'au commencement de Mars de cette année 1785.

Or , comme il y a cependant encore un autre retard bien plus considérable & bien moins légitime qui a suspendu la réponse que l'Auteur des LETTRES suivantes devoit faire sur le champ à celle qui avoit été insérée contre lui dans la feuille du JOURNAL DE PARIS du 15 Octobre 1784, dont le Public n'a jamais été instruit , & dont il a cependant droit de demander compte , nous croïons , pour l'intelligence du tout , être obligé de lui en détailler les circonstances ; & les voici.

Peu de jours après que les 4500 premiers exemplaires du PROSPECTUS de l'Anatomie de la Langue

Françoife, dans lequel fe trouve la première des *trois* LETTRES fuivantes (en date du 1 Août 1784) eûrent été circulés par la voie du JOURNAL DE PARIS, les Auteurs de ce Journal inférèrent à leur tour dans leur Feuille du 15 Octobre N° 289 la Lettre fuivante que nous allons rapporter toute entière, avec d'autant plus de raifon que, faifant le fujet des *Obfervations* de la *troifième* de CELLES-CI, il eft abfolument néceffaire de la mettre fous les ieux du Lecteur, pour l'intelligence de cette *troifième* LETTRE.

EXTRAIT DU JOURNAL DE PARIS.

Du Vendredi 15 Octobre 1784, N° 289.

Aux Auteurs du Journal.

MESSIEURS,

Les cinquante mille Exemplaires du *Profpectus fur l'Anatomie de la Langue Françoife*, répandus gratuitement dans Paris, ont donné lieu à une petite erreur, fur laquelle je dois prévenir le Public, par refpect pour la vérité & pour l'Académie de Berlin.

En difant que *le Difcours fur l'univerfalité de la Langue Françoife* avoit befoin *d'être traduit en Francois*; *qu'il étoit fâcheux qu'on ne l'eût point écrit dans l'idiôme dont il traite; que cet Ouvrage attendoit qu'une plume favante en fît une Traduction digne de fon Auteur*, &c; l'Auteur du *Profpectus* ne prétend pas dire que j'aie fait une Traduction ; il avertit seulement *que le mauvais François* dont je me suis servi dans ce Discours, a besoin d'être traduit *en bon François*, que mon langage *est barbare*, &c ; ce qu'il prouvera aisément, puisque le style de ce Discours, ne ressemblant en rien à celui du Prospectus, *ne peut plaire aux oreilles qui chérissent le bon & le bien écrit.*

L'Auteur du Prospectus a donc fait une plaisanterie trop fine ; puisque tout le monde en a été la dupe. S'il arrivoit pourtant qu'il eût parlé sérieusement, je le prierois de prouver, par la voie de votre Journal, que l'Académie de Berlin n'a couronné qu'une simple Traduction. En attendant, je me déclare seul coupable du *Discours sur l'universalité de la Langue Françoise.*

J'ai l'honneur d'être, &c.

Signé, *le Comte* DE RIVAROL.

Le surlendemain de la publication de cette *Lettre*, l'Auteur de CELLES-CI proposa aux Journalistes de Paris 40 *observations* sur l'Ouvrage de celui qui l'avoit signée ; mais elles leur parurent trop longues pour être *adoptées* dans le Journal, & il n'insista pas. Il leur adressa cependant le 25 du même mois une très-petite Lettre par laquelle il annonçoit au Public qu'il s'occupoit de rassembler les preuves de ce qu'il avoit avancé dans sa première Lettre, & qu'il feroit incessamment imprimer le résultat de son travail séparément, pour sa propre justification. Mais, ces Messieurs

refuſèrent poſitîvement de l'inſérér. Sur ce refus,
l'Auteur crut devoir recourir à l'autorité pour ſe faire
rendre juſtice. En conſéquence, il demanda & obtint
la permiſſion de faire joindre un *ſupplément* au *Journal
de Paris*, qu'il leur fit ſignifier, avec une épreuve toute
faite & imprimée de ce Supplément ; ſur quoi ils ſe
ſoumîrent à inſérer eux-mêmes la *Lettre* qu'ils avoient
d'abord refuſée , telle qu'on la lit dans leur Feuille du
Samedi 18 Décembre Nº 353, & le Supplément n'eut
pas lieu pour le moment : mais le Public n'en ſera pas
privé, & le voici tel qu'il avoit été deſtiné à paroître.

Supplément au Journal de Paris.

LETTRE DE L'AUTEUR

DE L'*ANATOMIE DE LA LANGUE FRANÇOISE*

AUX AUTEURS DU JOURNAL DE *PARIS*,

En réponse à celle de l'Auteur du Discours sur l'Universalité de la Langue Françoise, insérée dans la Feuille du 15 Octobre dernier.

AVERTISSEMENT.

INterpellé par la Lettre de l'Auteur du *Discours sur l'Universalité de la Langue Françoise* insérée dans la Feuille du *Journal de Paris* du 15 Octobre dernier, de m'expliquer plus clairement que je n'ai fait sur ce que j'ai prétendu dire de ce *Discours* dans ma Lettre adressée à M. le Baron de Bernstoff en date du 1er Août précédent ; & prié, c'est-à-dire sommé, de donner cette explication par la voie du même *Journal*, j'avois adressé, à ceux qui en ont la rédaction, la Lettre suivante. — Mais, l'engagement que ces Messieurs avoient contracté avec le Public, non moins

qu'avec moi, lorfqu'ils avoient admis & publié l'efpèce
de défi qui m'étoit fait , ne leur aïant pas paru
être auffi formel , auffi authentique que je le
croïois, il eft arrivé qu'ils ont jugé à propos de ne pas
adopter ma réponfe à ce défi , (*adopter* eft leur mot).
Dès lors , j'ai cru , par refpeêt pour le Public qui va
bientôt être mon Juge dans cette querelle Littéraire,
qu'il étoit de mon devoir de lui rendre compte de la
raifon de mon retard , & même de ne pas différer à
l'en informer. Toute pénible , toute difpendieufe que
foit la voie que je prends, je n'y aurai point de regret
fi la démarche lui eft agréable.

AUX AUTEURS
DU JOURNAL DE PARIS.

A Paris, le 25 Octobre 1784.

MESSIEURS,

J'avois préparé une autre réponfe que celle-ci à la
Lettre qui vous a été adreffée par l'Auteur du *Dif-*
cours fur l'Univerfalité de la Langue Françoife &
que vous avez inférée dans votre Feuille du 15 de ce
mois. Mais le refus que vous m'avez fait d'une place
fuffifante dans votre *Journal* m'a décidé à prendre le
parti de la fupprimer. En effet, *quarante* articles ti-

rés au hafard d'un nombre beaucoup plus confidéra-
ble, & que je rapportois comme exemples de FAUTES
de goût, *de propriété-d'expreffion*, *de concordance*,
d'idiotifme, comme preuves enfin *de folécifmes* &
de barbarifmes auroient tenu plus de trois, ou peut-
être quatre colonnes de votre *Journal*, même en les
préfentant fans exorde ni conclufion de ma part, &
fans differtation fur aucun point pour établir, défendre, maintenir, & démontrer mon opinion fur
ces paffages. — Je fuis donc forcé de me reftreindre
au premier parti que j'avois pris d'abord, je veux
dire, de relever ces fautes dans une feconde Lettre
à M. le Baron de Bernftoff. Cette Lettre eft déjà fort
avancée, & je la publierai féparément, dès que mes
occupations préfentes m'auront permis de l'achever;
ce qui, j'efpère, ne tardera pas beaucoup. — En attendant, je crois auffi devoir avertir vos Lecteurs &
les miens, que la Lettre que j'annonce fera néceffai-
rement un peu plus longue qu'elle n'auroit été avant
la publication de celle que l'Auteur du *Difcours* en
queftion vient de vous adreffer; attendu que je ferai
obligé d'y relever ONZE nouveaux *lapfus linguæ* de
la même nature que ceux qui fe trouvent dans fon
Ouvrage, & que j'ai obfervés dans cette petite pièce
toute courte qu'elle eft.

　J'ai l'honneur d'être, &c.

LE CHEVALIER DE SAUSEUIL.

N. B. Ces Meffieurs aïant gardé ma Lettre fans
en faire ufage, j'ai envoïé favoir à leur Bureau quand
c'étoit que je la verrois paroître : fur quoi leur
Commis m'a fait paffer, par mon Domeftique, le
Billet fuivant.

BILLET du premier Commis du Bureau du Journal de Paris *à M. le Chevalier* DE SAUSEUIL.

Les Auteurs du Journal de Paris n'aïant point
adopté la Lettre de M. le Chevalier DE SAUSEUIL,
M. Xhrouet a l'honneur de la lui renvoïer. Ces
Meffieurs annonceront bien volontiers la Lettre que
M. de Saufeuil fe propofe d'imprimer féparément,
fi elle paroît avec approbation : il leur paroît abfolument inutile de l'annoncer par avance : ce feroit
un double emploi que les Réglements de la Librairie
ne peuvent autorifer.

Ce 31 Octobre.

OBSERVATION.

Messieurs les Journalistes de Paris, en insérant dans leur Journal une Lettre où se trouve, parlant de moi..... *je prierois de prouver PAR LA VOIE DE VOTRE JOURNAL*, &c, contractoient par cela-même très-certainement avec le Public & avec ma personne un engagement que rien ne pouvoit les dispenser de remplir sans manquer essentiellement au Public & à moi, *CELUI* de publier ma Lettre *QUELLE QU'ELLE PUT ÊTRE*. Je viens de les acquitter envers le Public ; qui les acquittera envers moi ?

Ainsi finissoit le SUPPLÉMENT que l'Auteur des LETTRES suivantes avoit préparé pour le *Journal de Paris*, & dont, attendu la circonstance des vacances, l'ORDRE nécessaire pour l'y faire joindre ne put être obtenu avant le 26 Novembre. Cependant, les Auteurs de ce Journal s'étant soumis à insérer la *Lettre* qui avoit occasionné la sollicitation de cet ORDRE, l'Auteur consentit à retirer son *supplément* pour l'instant.

Il ne reste donc plus qu'à dire un mot de la séche-resse du style de l'*AUTEUR* de ces LETTRES : style que celui du DISCOURS CRITIQUE trouve avec rai-son *ne ressembler en rien au sien*.

A cela nous ne répondrons que par la dernière phrase des REMARQUES DE GRAMMAIRE d'un de

xij

nos plus grands Maitres (l'Abbé d'OLIVET) fur RACINE. Un Ouvrage de pure Grammaire, à moins qu'on ne forte de fon fujet, n'eft prefque pas fufceptible d'agrément.

A Paris, le 1 Mars 1785.

LETTRES

LETTRES
DE L'AUTEUR
DE
L'ANATOMIE DE LA LANGUE FRANÇOISE, &c.

━━━━━━━━━━━━━━━━━━━━━━━━

PREMIÈRE LETTRE.

A Paris, le 1. Août 1784.

MONSIEUR,

Le Difcours couronné par l'Académie de Berlin, fur *l'Univerfalité de la Langue Françoife*, eft une pièce inté-reffante pour nous. Il fait honneur à cette Langue & à la Nation qui la parle, par les éloges fages, raifonnables, modérés, (& dès-là d'autant plus vrais) qui s'y trouvent répandus fur l'une & fur l'autre. L'Auteur décèle beaucoup de mémoire. Il faut avoir beaucoup lu & beaucoup retenu pour faire fi bien l'hiftorique d'une Langue, depuis fon origine jufqu'à nos jours, ainfi qu'il l'a fait. Au mérite de cette mémoire, qu'on lui accorde, on peut ajouter encore quelques autres éloges qui, peut-être, ne fe trouveront pas moins-bien fondés. Il a beaucoup de feu & d'imagina-tion. Il préfente fouvent des tableaux bien faits, & flatteurs pour ceux qui en font le fujét. Sa diction eft affez ferrée, dans beaucoup d'endroits ; quelquefois elle eft nerveufe, & fouvent ornée de fleurs qui la rendent féduifante.

A

Avec tant de charmes , que poſsède cette pièce académi-
que', il auroit été à ſouhaiter qu'elle eût pu en réunir
un autre non moins eſſentiel ; celui qu'un morceau auſſi
agréable eût été écrit dans l'idiôme dont il plaidoit la
cauſe. Oui , ce ſera toujours , ſans doute , un ſujet de regret pour nous que , pour l'honneur du langage dont il a
ſi bien ſu défendre les avantages & les droits , l'Auteur
n'ait pas écrit ſon ouvrage en François. Mais , malgré
ce que quelques Hypercritiques pourroient en dire , l'illuſtre Académie qui l'a couronné ne mérite point de
reproche de notre part , & n'en a même aucun non plus
à ſe faire à elle-même à ce ſujet. En propoſant la célèbre
queſtion qui nous fait aujourd'hui tant d'honneur par
l'eſtime dont elle nous eſt garant , tant de ſa part que de
la part de ſon illuſtre Protecteur l'immortel Conquérant
du Nord , elle n'avoit pas ſpécifié en quelle Langue les
Diſcours qui lui ſeroient adreſſés devoient être écrits. Les
Académies entendent toutes les Langues , & il n'eſt pas
douteux que c'eſt , abſtraction faite du langage dans lequel
il a été communiqué , que l'Académie de Berlin a couronné avec juſtice & jugement un Diſcours fait pour l'être ,
& ſur lequel elle étoit auſſi en état de prononcer que perſonne.

Il faut donc eſpérer , pour l'avantage du petit nombre
parmi la Nation Françoiſe , dont l'oreille délicate chérit le
bon & le *bien-écrit*, que nous n'en ſerons pas long-tems
privés ; & que quelque plume Françoiſe , auſſi *correcte*
que ſavante , voudra bien prendre la peine de nous en
donner une traduction digne de ſon premier Auteur & de

la pureté du langage qui fait le caractère du siècle dans lequel nous vivons.

Je suis, avec la plus parfaite estime,

MONSIEUR,

Votre, &c.

Le Chevalier de SAUSEUIL.

SECONDE LETTRE.

Examen du DISCOURS *sur l'*UNIVERSALITÉ DE LA LANGUE FRANÇOISE.

A Paris, 18 Octobre 1784.

MONSIEUR,

VOUS me faites deux questions; la première, *quel est l'idiôme dans lequel je prétends que le* DISCOURS *sur l'*UNIVERSALITÉ DE LA LANGUE FRANÇOISE *a été écrit par son Auteur?* La seconde; *Quelles sont les fautes que je releverois dans cet Ouvrage, si je voulois prouver à son Auteur que l'idiôme dans lequel il l'a écrit n'est pas celui dans lequel il paroît qu'il a cru (& peut-être même voulu) l'écrire?*

Quant à la première question, je déclare que je ne saurois y répondre. Cet idiôme n'étant point une Langue, mais un baragouin informe, incorrect, ingrammatical; le plus souvent destitué de construction & d'accord, ou de

A 2

ce qu'on appelle concordance ; un mêlange de Germa-
nifmes , d'Anglicifmes , d'Italianifmes , &c , &c ; il
m'eft impoffible de lui trouver un nom ; & , peut-être,
la tâche feroit-elle affez difficile à bien d'autres. Ainfi , je
ne me charge donc point, Monfieur, d'éclaircir vos
doutes fur la première queftion. Mais , quand à la feconde,
je prends volontiers fur moi de vous fatisfaire. De forte
que , fi je ne fuis pas affez adroit pour deviner pofitivement QUEL eft l'idiôme dans lequel le DISCOURS en
queftion *eft écrit* , & vous en rendre compte, vous n'au-
rez cependant pas lieu d'être trop mécontent de moi, fi
je parviens au-moins à vous faire connôître CELUI dans
lequel il N'EST CERTAINEMENT PAS ÉCRIT. — Je
commence.

P. 1. 1. 2. & 3.
« Auroit *flatté l'or-*
» *gueil de Rome , &*
» *fon Hiftoire l'eût*
» *confacrée , &c.* »

Pourquoi l'Auteur emploie-
t-il *auroit* dans le premier membre
de cette phrafe , & *eût* dans le fecond ? Ces deux termes (ou , ces
deux *tems,* comme l'on voudra)
font-ils fynonimes ? — N O N.
— Donc, fi l'un eft bien placé, l'autre l'eft mal. Je ne
me foucie pas pour l'inftant de déclarer ici lequel des
deux eft François. Je fuis trop au fait de tout ce que l'on
a coutume de dire à ce fujet : & je fuis bien aife de taire
en ce moment ce que j'en penfe & ce que je fais , afin
d'avoir le plaifir de voir les autres *proprio gladio fe jugu-*
lare, c'eft-à-dire , s'embarraffer par des raifonnemens
dans lefquels il n'eft que trop commun de les prendre en
défaut ou en contradiction.

Nation & *Peuple* sont-ils syno-
nymes ? — NON, encore. — Nation est plus noble que *Peuple*. Le
premier présente une idée d'éten-
due plus vaste, une quantité nu-
mérique d'individus plus confidé-
rable que *Peuple*. Il semble qu'on
pourroit diviser une *Nation* en *Peuples*; mais, qu'il ré-
pugneroit de diviser *un Peuple* en *Nations*. — Les Habi-
tans de l'Amérique pourroient être confidérés, ce me
femble, comme une *Nation* en général qui se diviseroit
en *Peuples* Méridionaux, Septentrionaux, Orientaux, &c;
mais seroit-il aussi exact de dire que l'Amérique est habitée
par un *Peuple* qui se divise en *Nations* Orientale, Méri-
dionale, &c ? On dit très-bien la Nation Espagnole, la
Nation Italienne, la Nation Angloise, Suédoise, Danoise,
Irlandoise, Russe, Ottomane, &c, &c, &c : de même
qu'on dit aussi *la Nation Allemande*. Mais, on ne dira pas
la Nation Ecossoise, parce qu'elle ne fait qu'une très-petite
portion de l'Angleterre & de la Nation Angloise. Comme,
par la même raison, on ne dira pas non plus, la Nation
Toscane, la Nation Napolitaine, la Nation Bavaroise, la
Nation Liégeoise, la Nation Hanovérienne, la Nation
Picarde, Provençale, Languedocienne, Bretonne, Nor-
mande, &c, &c, &c. Par parité de raisonnement,
lorsqu'il s'agissoit ici d'employer deux termes comparati-
vement, *Nation* devoit donc se dire de la France, &
Peuple de la Prusse; puisque celle-ci n'est qu'une petite
portion de l'Allemagne & de la Nation Allemande. —Et,

A 3

ALORS , la politeſſe Françoiſe , qui ne permet pas que , dans une circonſtance ſemblable , on faſſe uſage de termes qui puiſſent faire naître l'idée d'une comparaiſon choquante ou humiliante , auroit naturellement inſpiré à l'Auteur d'appliquer la même dénomination de *Peuple* ou de *Nation* aux deux Corps Politiques qu'il comparoit ; tandis que ſon oreille , jointe à une autre délicateſſe de ſentiment & de goût , lui auroit fait donner la préférence à *Peuple* , attendu qu'il vaut mieux abbaiſſer le ſupérieur au dégré de l'inférieur , (ſurtout lorſque le ſupérieur eſt celui-même qui parle) que de manquer à l'exactitude & à la vérité , en donnant à l'inférieur un titre qui ne lui appartient pas. Ainſi , il falloit dire : « *Jamais , en effet ,* » *pareil hommage ne fut rendu à un* Peuple *plus poli , par* » *un* Peuple *plus éclairé* » ; ou même tout ſimplement , « *par* un autre *plus éclairé* » , ſans répéter *Peuple*.

P. 2. l. 1. « Le tems » ſemble *être venu de* » *dire....* &c.

Cette phraſe eſt un *idiotiſme Latin* ou *Allemand*. Nous ne diſons point en François « *le tems ſemble* » *être venu* » : Nous diſons génériquement , (ou en termes impropres de l'école , *imperſonnellement*) « IL SEMBLE QUE LE TEMS *ſoit venu* ». En Latin on diroit : « *adeſſe videtur tempus dicendi* » qui eſt mot-à-mot la phraſe ci-deſſus « *le tems ſemble* ».... Les Allemands ſe ſervent de la même tournure. Ainſi , voici dès la ſeconde phraſe , & la ſeptième ligne de l'ouvrage , ce que je vous ai annoncé , un idiotiſme étranger , qui ſe devine peut-être , mais qui ne s'entend point chez nous , & qui , par conſéquent , demande d'être traduit en Fran-

çois. Celui-ci eſt un Latiniſme & un Germaniſme tout en-
ſemble.

P. 2. l. 1. & 2....... Cette idée eſt fauſſe : & je ſuis
« De dire le *monde* même fâché d'ajouter qu'elle eſt
» *François*, comme impolitique & inſultante pour les
» autrefois le *monde* autres Puiſſances de l'Europe.
» *Romain* ». Quand on a dit *le monde Romain*,
ce n'étoit pas parce qu'on parloit
Latin par toute la terre : mais, comme l'a remarqué un
ſavant Obſervateur , parce que les armes Romaines
avoient conquis toute la terre connue, & que la Géogra-
phie Romaine ſe terminoit, pour ainſi dire, où finiſſoit leur
puiſſance. Les Romains avoient des Gouverneurs dans
preſque toutes les parties du monde qu'ils connoiſſoient.
Ainſi, la fatuité & l'oſtentation d'un côté , jointes à l'a-
dulation & à la baſſe flatterie de l'autre , diſoient en chœur
le Monde Romain. En eſt-il de même aujourd'hui ?
— NON. — Le ſyſtême doux & modéré , généreux &
équitable du Gouvernement François , abjure de telles
prétentions & ne ſe trouve point flatté de tels titres. Ainſi,
l'*Univerſalité* reconnue de *la Langue Françoiſe* ne fera pas
plus dire *le Monde François* que l'*Univerſalité de la Langue
Latine* n'a fait dire *le Monde Romain*. Et cette flaterie eſt
auſſi inſipide pour nous, qu'elle a droit de paroître or-
gueilleuſe & choquante aux ieux des autres Nations.

Je ne relève cette fanfaronade que par pur patriotiſme.
S'il eſt vrai qu'un enthouſiaſme ridicule a pu l'inſpirer à un
individu, je crois qu'il eſt du devoir d'un bon & fidèle
Patriote de s'élever contre elle avec chaleur ; une telle

A 4

gafconnade couvriroit à jamais les François de honte dans l'efprit des étrangers, fi, faute d'être auffi-tôt contredite, ils venoient à s'imaginer que l'Auteur de cette jactance n'a dû être que l'Interprète du préjugé naturel Gallique, & l'écho des rodomontades ordinaires de l'amour-propre national. Ce feroit un Anglicifme hyperbolique dans nos mœurs, dont je ne voudrois pas que l'on crût que nous fommes coupables en France.

P. 2. l. 9. « *Spec-*» *tacle digne d'elle* » QUE *cet uniforme &* » *paifible Empire des* » *Lettres* qui..... &c. » *& qui.... &c.* »

Cette phrafe, connue à la vérité pour fe rencontrer affez fouvent dans la bouche du bas peuple, a tout le vil & le trivial d'une telle origine. D'abord elle eft biforme, conféquemment louche & obfcure; puis elle eft incorrecte, ingrammaticale, inconftructible, &, finalement, elle n'eft d'aucune Langue honnête qui fe parle; &, de celles qui s'écrivent, encore moins. Avec de tels défauts, il eft bien certain qu'elle ne fauroit faire beaucoup en faveur d'une Langue que l'on veut prouver avoir mérité l'*Univerfalité.* D'ailleurs, je le donne en mille au plus habile Grammairien, au plus profond Métaphyficien, de me traduire ce QUE·là en aucune Langue. — Qu'on life cette phrafe, & qu'on la life de bonne foi, on avouera qu'à la première lecture *ce que,* contre lequel je me récrie, fe préfente naturellement à l'efprit comme le régime d'un Verbe que l'on s'attend de voir venir, & dont les mots *cet-uniforme & paifible empire qui.... & qui.....,* &c, fufpendent l'arrivée, & font le nominatif. Mais, on pourfuit, & on pourfuit envain;

ee verbe ne fe trouve point : on avance , avec inquiétude , jufqu'à la fin de la phrafe ; & , malgré toute l'attention poffible , on n'a point découvert le Verbe défiré. On relit encore une , deux , trois, quatre & dix fois ; & , toujours le même embarras , la même obfcurité , fe préfentent. Enfin , à force de chercher , ón apperçoit un petit point d'admiration (!) à la fin de la phrafe ; & c'eft alors , qu'avec le plus grand étonnement , on trouve , en changeant l'intonation de cette phrafe , le vulgarifme dont j'ai parlé plus haut & auquel ma plume fe refufe de donner l'épithéte convenable.

P. 2. l. 13... « *S'ac-* On ne dit point *s'accroître* DE , *» croît également* des mais PAR. Une chofe *reçoit* bien de *» fruits de la paix &* l'accroiffement D'une autre ; mais , *» des ravages de la* elle *s'accroît* PAR une autre. —La *» guerre ».* raifon métaphyfique de cette diffé- rence de conftruction eft , qu'avec le verbe *recevoir* , il eft évident que la puiffance augmentative eft confidérée comme logée & réfidente dans *l'objet* qui fuit le verbe ; & alors , il faut la prépofition *ex ,* exprimée par notre *de* , pour l'en tirer. Au contraire , avec le verbe *s'accroître* qui , comme *augefcere* , eft un inceptif, la puiffance augmentative eft évidemment placée dans le *fujet* même qui croît ou qui augmente. Alors , il n'eft donc plus befoin d'exprimer autre chofe que les moïens dont ce fujet fe fert pour mettre fa propre puiffance en jeu & en action. Or , ces moïens exigeant abfolument en François la prépofition *par* , il eft clair que *de* préfente un folécifme à notre oreille & fe trouve être un vrai *barbarifme* dans

notre Langue. Je pourrois prouver que cette tournure est
encore un Latinisme & un Anglicisme , d'où il résulteroit
un besoin d'*être TRADUITE en François* pour être enten-
due de ceux de nous qui ne savent ni le Latin ni l'Anglois.

Ibid. l. 20..., « *Il* On ne *montre* plus en François
» *s'agit de* montrer que la *lanterne-magique* & *la mar-*
» *jusqu'à quel point ,* *mote-en-vie.* Ce terme , dans le sens
» *&c.* » figuré , est absolument abandonné
au bas peuple ; il est rejetté par
tous les bons Ecrivains , & par ceux qui se piquent de bien
parler. En effet , on ne peut , à la rigueur , *montrer* que du
bout du doigt. Il semble même qu'il faille absolument
avoir à la main une canne , un stilet ou une pointe quel-
conque pour *montrer.* C'est absolument l'*indicare* des La-
tins ; d'où vient l'*index* , aussi Latin , & qui sert même encore dans notre Langue de nom au second doigt de la
main. Dans le sens d'*ostendere* , il est plus agréable en
François de se servir de *faire-voir* qui est un verbe *descri-*
ptif ou composé. Suivant les circonstances , on peut encore emploïer tout autre mot , comme *indiquer* , *présenter,*
offrir , *enseigner* &c , qui sont des verbes *fabricatifs.*

Ibid..... « *Tant de* Il est évident qu'il faut ici *faire-*
» *causes diverses ont* *faire,* c'est-à-dire, CAUSER QU'ELLE
» *pu combiner leurs* FASSE , & , dans la phrase présente,
» *influences pour* faire *qu'elle fît.* Le nominatif même du
» *à cette Langue une* verbe , & la construction de la
» *fortune si prodigieu-* phrase par la préposition *à* , con-
» *se ».* courent également à le demander

& à l'indiquer. Car, quand *on FAIT la fortune A quelqu'un*, on lui verfe de la fienne propre dans fon coffre. En donnant une place, une charge, des rentes, une penfion ou une femme à quelqu'un, *on lui FAIT pofitivement fa fortune*. Mais *on la lui FAIT-FAIRE feulement*, quand on n'en eft que l'inftrument ou le canal, par des avis, des confeils, des amis, des protecteurs & des follicitations. Or, pour juger actuellement fi mon obfervation, dans le cas préfent, eft fondée ou non; il s'agit d'examiner quel eft l'*agent* que l'on prétend ici avoir été jadis *celui* de la fortune de la Langue Françoife. Et l'on trouvera que ce font des *CAUSES diverfes qui ont SEULEMENT combiné leurs influences à cet effet*. Or, des *caufes* ne peuvent évidemment & inconteftablement que *caufer*. *Caufer* & *faire* font deux; & *deux* êtres très-différens qui ont entr'eux l'oppofition & l'hétérogénéité du *direct* & de l'*indirect* : ils font donc incompatibles. Donc, dans la phrafe préfente, *tant de CAUSES* fe trouvant le nominatif de ONT FAIT, il en réfulté un folécifme; & il falloit *ont fait faire*.

P. 3. l. 5..... « La » Religion Chrétienne » jettoit fes fondemens » dans *ceux de la* » Monarchie. »

On ne jette point des fondemens *dans* des fondemens; mais, bien, *parmi*. Des fondemens font des efpèces de racines. Un arbre planté fur la fouche ou à côté d'un autre, ne jetteroit point fes racines *dans* celles de l'autre ; mais il les jetteroit *parmi* elles. Elles fe mêleroient & s'enchevêtreroient, mais ne fe perceroient, ni ne fe pénétreroient pas. DANS emporte avec lui une idée de *cavité*, de *creux*, & de *récipient*.

Des fondemens font pleins & folides. Deux fortes de fondements peuvent donc bien s'entremêler ; mais, non pas fe pénétrer & entrer l'un *dans* l'autre. D'où il réfulte que cette idée eft plus qu'incorrectement rendue ; elle eft fauffe, elle eft abfurde, elle eft répugnante au bon fens.

P. 7. l. 15. « *Il faut* » des *longues guerres* » *dans l'Empire pour* » *faire, &c.* »

Tout le monde fait qu'il faut ici *de* au lieu de *des*. On pourra me dire que c'eft chercher ici chicane mal-à-propos que de relever cette faute, parce qu'il peut fe faire que ce foit une faute d'impreffion : & je conviendrois volontiers du fait ; ou plutôt, j'aurois même négligé de faire remarquer ce folécifme, fi des oreilles qui ne me trompent point ne m'euffent affuré avoir entendu répéter *deux* fois ce paffage à l'Auteur même du *Difcours* ; lequel Auteur a, chaque fois, lu & prononcé bien diftinctement *DES longues guerres* au lieu de la fimple prépofition extractive *DE*. Or, comme il paroit que, quoique tout le monde fache qu'il faut ici *de* & non pas *des*, l'Auteur du *Difcours critiqué* l'ignore, & fait certainement encore moins *pourquoi* l'un eft préférable à l'autre, il ne fera peut-être pas hors de place de rendre métaphyfiquement raifon de cette différence de conftruction fi fine & fi délicate dans la Langue Françoife. — *Des* eft connu pour un compofé de la prépofition extractive *de* & de l'article *défini*, ou *fpécificatif-determiné*, *les*. Or, tout *adject.f* de la claffe des *aggrégatifs*, eft *in fe* & *per fe* abfolument, pofitivement, rigoureufement & inévitablement *fpécificatif*. Par conféquent, toutes les fois que, comme dans le cas préfent, l'Adjectif eft placé avant le fubftantif, la fpécification fe trouvant déja fuffifamment décidée, connue & déterminée par cet adjectif, celle qui pourroit fe déduire de l'article devient auffi-tôt redondante, attendu qu'elle lui eft même inférieure en énergie : d'où il réfulte que l'article doit être fupprimé comme tout-à-fait inutile. *Ains*, au contraire, il deviendroit de la plus grande néceffité, ce même article, il feroit indifpenfable, fi l'adjectif changeoit de place, s'il étoit tranfpofé après le fubftantif. Pourquoi cela, dira-t-on ? L'adjectif ne fpécifie-t-il pas toujours également fon fubftantif, foit qu'il le fuive ou qu'il le précède ? — *Egalement !* Non. L'efprit humain ne fe contente pas d'exiger de la précifion & de la clarté dans les informations qu'on lui préfente, mais il eft même encore impatient de les recevoir, & ne permet pas le moindre délai dans leur expofé. Il veut donc être averti d'avance par l'*article* du fens dans lequel il doit prendre le fubftantif qu'on va lui préfenter. S'il falloit qu'il attendit cette connoiffance de l'adjectif placé après, il arriveroit fouvent qu'il auroit déja eu pris un parti avant de l'entendre & qu'il feroit obligé de revenir enfuite fur fes pas pour rectifier fon erreur. D'où il réfulteroit mille inconvéniens qui fe préfentent affez aifément à l'imagination, fans que j'aie befoin de m'appefantir ici pour les déduire. Ainfi, l'adjectif après le fubftantif permet, & même *demande* donc l'article ; tandis que, placé avant, il le rejette, il le *défend*. On dit en François DES *guerres longues*, & DE *longues guerres* ; mais on n'a jamais dit, & il faut efpérer qu'on ne dira

jamais fur l'autorité de l'Auteur du *Difcours* en queftion,
DES LONGUES guerres.

P. 8. l. 3. « *Des*
» *Poèmes.... où tout*
» refpire un air Pa-
» triarcal* ».

On *refpire* bien un *air* doux &
frais ; un air chaud & brûlant ; un
air épais & humide , &c : parce
que toutes ces épithètes convien-
nent à l'*air* dans le fens d'*aër* qui
eft l'élément dans lequel nous nous mouvons, nous agiffons
& qui nous fait vivre. Mais , lorfque *air* eft pris figuré-
ment, comme dans la phrafe préfente ; lorfqu'il fignifie
habitus, *figura* (*un air patriarcal*), il me femble qu'il y a
une très grande impropriété à fe fervir métaphoriquement
du terme *refpirer* (*inhalare*) qui ne convient qu'à un fluide;
parce qu'on n'*inhale* certainement pas une *forme* , une *ma-
niere d'étre*, qui femble être un folide. — Il fe rencontre
malheureufement trois ou quatre fautes capitales dans cette
phrafe qui eft d'une fauffeté énorme, fous quel point de
vue qu'on l'envifage, de quelle fhanière qu'on la retourne.
Car , bien avéré comme il l'eft que *air* n'eft point ici *aër* ;
mais feulement *habitus* , *forma* , *figura*, *modus effendi*, une
form2, une figure, une manière d'etre adhérente à la fur-
face d'un certain fujet, il eft conftant que cette forme , figure ou manière d'être , ne fauroit s'en détacher , ou
émettre des particules, pour fervir de *nutrition nazale* à un
autre ; & qu'elle le peut même d'autant moins qu'elle
n'eft, dans le fait, qu'un être de raifon; qu'elle n'a d'autre
exiftence que celle que lui prète l'imagination de celui qui
la conçoit, & qui croit l'appercevoir fur le fujet où il la
place. D'où il réfulte que , ni au naturel, ni au figuré, cet

air inhalari nequit, & que le Lecteur de ces Poèmes *nari-bus illum imbibere nequè fcit nequè potest*. — Dira-t-on, pour excufer l'Auteur du *Difcours critiqué*, que comme le mot François *refpirer* ne s'entend dans le fens de *inhalare* que par l'ufage & l'habitude, & *contre* toute rigueur de la fabrication technique du mot, laquelle exigeroit qu'on l'entendît dans le fens que (pour nous fervir d'une expreffion fort heureufe & excellente de l'Auteur même que nous critiquons) fa *phyfionomie* nous préfente, favoir, celle de *re-fpirer*, c'eft-à-dire, *fpiritum reddere, repellere, repulfare, Exhalare*, & non *accipere, INhalare*, comme il s'entend toujours : prétendra-t-on, dis-je, que *refpirer* doit s'entendre ici de *flare, emittere, exhalare, ejaculare, ejicere, propellere fpiritum* ? NON : car, à cela on répondroit toujours que *refpirer* feroit encore impropre : parce que des êtres inanimés, tels que le mot *tout* répréfente, ne fauroient avoir aucune action, & qu'on ne peut, *même poétiquement*, leur en fuppofer aucune. Ce feroit donc une faute de dire *un lieu où TOUT RESPIRE la liberté : où TOUT RESPIRE la triftesse & la mélancholie : où TOUT RESPIRE la grandeur & la majefté de fon augufte poffesseur*, &c, &c. Il faudroit dire, *un lieu où TOUT ANNONCE, PRÉSENTE, OFFRE, INSPIRE la liberté, la triftesse, la mélancholie.... où TOUT PROCLAME, CARACTÉRISE la grandeur, la majefté*, &c, *de fon auteur, de fon maître, de fon augufte poffesseur*, &c. L'Auteur du *Difcours critiqué* auroit donc dû dire ici, *des poèmes où tout préfente un air patriarcal*. Mais, *refpirer* femble fi joli à l'oreille d'une petite maitreffe à fa toilette ! Comment peut-on fe défendre de l'emploïer ?

P. 11. l. 2..... « *Le* » *commerce de l'hom-* » *me* à Dieu ».

On voit bien que l'Auteur a voulu dire ici ce que les Anglois traduiroient par *the intercourse between the Deity and Man.* Mais, outre que la réciprocité exprimée par la préposition angloise *between* (qui veut dire *entre* & qui emporte rigoureusement l'idée exacte de l'action & de la réaction nécessaires pour établir l'*intercourse* anglois & le *commerce* françois) ne se trouve point dans la préposition *à* dont l'Auteur se sert : outre que cette dernière préposition (*à*) ne place l'action que dans l'homme, sans établir, ni *supposer* même, un retour de la part de Dieu : le mot *commerce* exigeoit après lui *avec* ; & il n'est point de petit marchand de rubans à deux sols l'aune, qui ne corrigeât lui-même cette faute de Langue. On *transporte* des marchandises de Paris *à* Rouen ; mais l'ON commerce *avec* Rouen, *avec* les Isles, *avec* l'Espagne, *avec* l'Amérique, &, enfin, *avec* un AUTRE.

Ibid. l. 23 & 24. « *Parce qu'*AU MI- » LIEU *des ombres* » *épaisses qui cou-* » *vroient l'Occident,* » *il y eut toujours* » *dans* cette capitale » (ROME) *une* MASSE » *d'esprit & de lumiè-* » *res* ».

Rien au monde n'est, à-coup-sûr, plus joli ni plus séduisant qu'une antithèse. Et, plus elle est forte, plus elle est saillante ; plus elle a de mérite sans doute ; plus elle agit sur notre âme, & plus elle fait tableau. D'après cela, on sent combien l'imagination de l'Auteur du *Discours critiqué* a dû se trouver exaltée par l'idée d'un beau globe de lumières scintillant

&

& radieux dans un amas horrible de ténèbres, comme de raison bien fombres & bien épaiffes. Mais, malheureufement, c'eft une idée *à la Shakefpeare*, dans laquelle l'unité de lieu n'eft pas mieux gardée ni mieux obfervée que dans la plûpart des Pièces de Théâtre de ce célèbre Dramatifte Anglois. Car, enfin, la *maffe* de lumières dont on nous parle ici doit être aux ténèbres, au fein (ou *milieu*) defquels on la place, ce qu'un centre eft à fa circonférences. Or, on cherchera toujours à concevoir comment, & par quel fortilége, ce cercle curieux, peut, fans ceffer d'être intègre, avoir fon centre à Rome, pendant que fa circonférence eft à Conftantinople. C'eft un problême à réfoudre. Je ne prétends, cependant, pas attaquer le fon cadencé, tremblant & harmonieux de cette belle Période, qui a dû plaire fans doute à l'oreille *titilleufe* & d'une irritabilité facile de bien des gens à - caffolette. — Nous paffons par deffus MASSE : une *MASSE d'efprit*, une *MASSE de lumières* ! Que de chofes il y auroit encore à dire là-deffus ! Mais, on ne finiroit pas, fi l'on vouloit tout relever.

P. 13. l. antépenult.   *Chefs-d'œuvres* doit être regardé
« *Rome - fe décora de*   comme un folécifme par tout
» chefs-d'œuvres ».   Grammairien Philofophe.—Lorf-
qu'un mot eft compofé de deux autres mots unis par une ligne de liaifon (mal - à - propos appellée *divifion* par les Imprimeurs) le premier des deux doit perdre la déclinaifon que le fens lui accorde naturellement, & le fecond doit s'en faifir, quoique le fens la lui refufe comme dans le cas préfent. Il eft indubitable que

B

plufieurs pièces diftinctes, & qui font féparées tant indi-
viduellement que par leur nature, leur efpèce & les diffé-
rents Auteurs qui les ont fabriquées, pouvant être, cha-
cune à part, *un chef*-d'œuvre dans fon efpèce, doivent,
lorfqu'elles font toutes réunies, former un affemblage
d'autant de *chefs* d'œuvre. *Chef* eft donc, comme on voit,
le feul mot que le fens puiffe pluralifer; & *œuvre* ne fauroit
l'être, parce qu'il eft toujours pris dans un fens abfolu,
général & univerfel. Mais, dès que de ces deux mots on
fait *un* par la ligne d'union (-) & que l'on les joint ainfi
(*chef-d'œuvre*) on doit dire un *chef-d'œuvre* & des *chef-
d'œuvres*, & non pas des *chefs-d'œuvres* : car, dès que la
déclinaifon eft accordée à *chefs*, elle l'enlève auffi-tôt à
œuvre & devient folécifme pour lui, parce qu'auffi-tôt
que les deux mots font féparés, ils fignifient chacun ce
qu'ils valent, à-part; & c'eft à l'âme, par un travail particulier, que l'on lui laiffe à faire, à en déduire une idée
concrète, qu'autrement, dans *chef-d'œuvres*, on lui préfente toute faite. Allons à préfent même encore plus
loin. Je dis que la prononciation feule doit indiquer encore la vérité de mon affertion. Car, la pluralité ne fe
diftingue en François, & par une oreille Françoife, que
par un petit allongement de la dernière fyllabe du mot
pluralifé. Ainfi, nous difons *le Chéf de l'armée*, *un Chéf
d'efcadre* &c, en prononçant *chef* bref. Mais, au pluriel,
nous le prononçons long, & nous difons *lēs Chēfs de
l'armée*, *dēs Chēfs d'efcadre* &c. Or, dans *chef-d'œuvre*,
au fingulier, nous difons un *chĕf-d'œĕuvre* en un feul mot,
prononcé comme deux brèves; &, au pluriel, nous
difons une collection de *chĕf-d'œuvres*; une chambre

remplie de *chéf-d'œuvres*, &c, en un feul mot auffi, mais prononcé comme une brève & une longue ; & l'on fiffle-roit fur le THÉATRE-FRANÇOIS le Normand qui viendroit avec trois longues nous parler *des chefs-d'œuvres de Cor-néille & de Molière*, ainfi que, pour la prononciation, il réfulte de l'orthographe de l'Auteur du *Difcours critiqué.* Cette faute, à laquelle cet Auteur paroît ténir beaucoup, fe trouve *quatre* fois dans fon Ouvrage, & eft répétée p. 15. l. 4. — p. 17. l. 15. — p. 39. l. 25 : mais, p. 62. l. 4, on trouve *les CHEF-d'œuvres des Arts* fous la forme orthographique que je viens d'établir. Contradiction affez commune à notre Auteur.

P. 17. l. 3..... « *& la plus fimple affertion* y *a befoin d'être renfor-cée du ferment* ».

L'adverbe de lieu *y* n'appar-tient pas à *avoir* ; mais, bien, à *étre*. Il falloit, pour l'exactitude logicale & pour l'harmonie du difcours *a befoin d'y* être *renfor-cée.* Il eft un nombre infini de gens qui tranfpofent ainfi fans ceffe les prépofitions de lieu & qui difent & écrivent *j'en veux avoir ; je n'en puis fortir ; je n'y fais que faire ; je n'y veux point aller ;* au lieu de *je veux en avoir ; je ne puis en fortir ; je ne fais qu'y faire ; je ne veux point y aller,* &c.

P. 21. l. 12. « *Peuples voifins & rivaux qui... fe difputent la gloire des lettres, & fe par-tagent.... les regards de l'Univers* ».

On dit bien *difputer une chofe à quelqu'un* ; mais, *parrager* n'ad-mettant pas après lui la même prépofition *à,* ne fauroit fe conf-truire comme *difputer,* & prendre la forme *réciproque.* C'eft une doctrine un peu difficile à concevoir que la différence énorme qui exiſte entre les verbes *réciproques* & les verbes *réfléchis* confondus dans la plûpart des Grammaires, leſquelles emploient ces deux termes indifféremment l'un pour l'autre & comme ſynonimes. C'en eſt encore une autre (doctrine) non-moins abſtraite & difficile à comprendre que celle des verbes réfléchis & réciproques *directs*, c'eſt-à-dire, qui ne ſous-entendent point de prépoſition (comme *ſe battre*, *s'aimer*, *ſe laver* &c.) & les verbes réfléchis & réciproques *obliques* qui en ſous-entendent une, comme *donner*, *mettre*, *faire*, *dire* &c, lorſqu'ils prennent *ſe* devant eux, & que l'on dit *ſe donner les étrivières*, *ſe mettre des pompons*, *ſe faire un cadeau*, *ſe dire des injures*, &c.

Or, ceux-ci ne peuvent ſous-entendre que la prépoſition *à*. C'eſt pourquoi, *partager*, requérant au contraire la prépoſition *entre*, qui n'eſt pas ſuſceptible d'être ſous-entendue, on ne peut donc pas dire *ſe partagent les regards* ; parce qu'en décompoſant la phraſe, on ne peut pas dire *partagent l'un* A *l'autre les regards de l'Univers*, comme on diroit *ſe diſent l'un* A *l'autre des ſottiſes*, *ſe mettent l'une* A *l'autre des pompons ſur la tête* &c; *ils partagent* entre *eux*, c'eſt-à-dire, ENTRE *l'un & l'autre*, *les regards* &c, &c. Toutes ces impropriétés d'expreſſions ſont de véritables ſoléciſmes, *ou manet in urbem & vado ad urbe* n'en ſont pas.

P. 25. l. 10 & 11.	Diroit-on, ſans commettre
» *On n'alloit pas beaucoup à Lacédémone*,	un ſoléciſme, *quand on* ALLOIT *à Lacédémone, c'*EST *pour étudier?*

» *fi ce n'eft* » *&c.* Non , fans doute. Tout le monde fe récriera il faut dire *c'étoit.* Donc , il faut dire ici *fi ce n'étoit* & non pas *fi ce n'eft.* Et ceux dont le faux raifonnement veut que l'on regarde *fi ce n'eft* comme une conjonction qui , dans cette qualité , doit être invariable , peuvent , pour éviter toute difpute & tout folécifme , appeller à leur fecours *finon* qui coupera court à toute difficulté. Je pourrois m'étendre encore plus au long & plus métaphyfiquement fur cet objet ; mais , l'abondance des matières , que le *Difcours critiqué* préfente à ma plume , m'oblige d'en hâter la marche le plus qu'il m'eft poffible , afin d'éviter de faire un ouvrage beaucoup plus gros que ce *Difcours* même.

Γ. 26. l. 9 & 10. « *Le* » *François ne quitte la* » *vie que lorfqu'il ne* » *peut plus la* foutenir ; » *l'Anglois lorfqu'il ne* » *peut plus la* fuppor- » ter ». Voici encore une de ces belles phrafes de toilette, dont le brillant eft auffi faux que les bijoux d'une Actrice de la *Parade* des Boulevards. — L'Auteur a prétendu faire un jeu de mots, & il ne s'en trouve point dans fa phrafe ; parce que les termes qui devroient en fournir la faillie font deux fynonimes parfaits (autant du moins qu'il en peut être de tels) tant au naturel qu'au figuré. La penfée , lorfqu'on parvient à la développer , eft cependant littéralement vraie. Et , foit dit à la louange de l'Auteur , il a parfaitement faifi la nuance qui caractérife le point de différence qui fépare l'un de l'autre & qui diftingue entre eux ces deux célèbres rivaux , les Anglois & les François. Mais , ce qui gâte tout, c'eft qu'*avant* de déchiffrer ce qu'il veut dire , & même *pour* pouvoir parvenir à le faire , il faut à fond connoître les deux perſonnages. Telle eſt la faute que j'y trouve. Paſ-ſons à la preuve. Je dis que *ſoutenir* & *ſupporter* ſont par-faitement ſynonimes *au naturel* , & je le prouve ainſi. Perſonne ne me niera que l'on dit tous les jours *ſoutenir un poids*, *ſupporter un poids*. Une poutre, un ſoliveau , *ſoutiennent* un bâtiment , *ſupportent* un bâtiment. Un épe-ron (en terme de maçonnerie) *ſoutient* un mur , *ſupporte* un mur prêt à tomber. Sans même ſortir trop du ſens naturel, on *ſoutient* encore une famille , on *ſupporte* une famille , une femme & des enfants. Voilà donc *ſoutenir* & *ſupporter* parfaitement ſynonimes au naturel. — Voïons au figuré. Je ne puis *ſoutenir* cette femme; je ne puis *ſupporter* cette femme , je la hais , je la déteſte : je ne ſaurois *ſupporter* votre conduite , je ne ſaurois *ſoutenir* votre conduite , elle eſt affreuſe , &c : ſi vous continuez ainſi perſonne ne pourra vous *ſoutenir* , perſonne ne pourra vous *ſupporter*. Très-certainement , voilà *ſoutenir* & *ſupporter* qui ſont encore bien ſynonymes dans le ſens figuré. — Or , pour qu'il ſe trouve une penſée dans la phraſe en queſtion , il faut in-conteſtablement , puiſqu'ils ont tous deux le même *double* ſens , que l'un des deux mots s'entende au *ſens naturel*, dans l'un des deux membres de cette phraſe , & l'autre au *ſens figuré* dans l'autre membre de la même phraſe. Sans cette condition il eſt clair qu'il n'y aura point de caractère diſ-tinctif , point de différence entre les deux Nations compa-parées ; & , conſéquemment , plus de parallèle , plus de portrait ni de tableau dans la phraſe. Pour deviner cette penſée , il n'y a donc d'autre reſſource que celle d'avoir

recours au point de diſtinction qui caractériſe chacun de
ces individus & qui les différencie. Alors, IL FAUT SAVOIR
D'AVANCE que l'Anglois eſt ſuſceptible de prendre du dé-
goût pour la vie au ſein même des richeſſes, de la proſpé-
rité & de l'abondance. Dans ce cas , il quitte la vie *par
mélancolie* , quoiqu'il ſoit fort en état de la *ſoutenir* , de la
ſupporter au ſens naturel , c'eſt-à-dire , de ſubvenir à ſes
beſoins ; mais , ſeulement , parce qu'il ne peut plus la
ſupporter , la *ſoutenir* au ſens figuré , c'eſt-à-dire , la
ſouffrir, parce qu'il la hait , il la déteſte , il l'a en horreur.
— Voilà donc, comme on voit, *ſupporter* pris ici dans
le ſens figuré à l'égard du caractère de l'Anglois. — Le
François , au contraire, aime toujours la vie , même au
ſein de la miſère & de la détreſſe. Cependant, dès qu'il
ne peut plus la *ſupporter* ou la *ſoutenir* au ſens naturel ,
c'eſt-à-dire , ſubvenir à ſes beſoins, il la quitte auſſi :
mais , chez lui , c'eſt l'effet d'une rage, d'une frénéſie ,
d'un vrai déſeſpoir. — Et voilà *ſoutenir* pris ici dans le
ſens naturel à l'égard du caractère du François. — Ainſi,
je crois qu'à préſent on peut bien , ſans injure , reprocher à l'Auteur du *Diſcours critiqué* d'avoir manqué ſon
but : puiſqu'au lieu d'avoir mis le lecteur à portée de tirer
de ſa phraſe la connoiſſance du *caractère* qui *différencie* les deux Nations , on voit qu'il faut au contraire
préalablement que ce lecteur ait une connoiſſance parfaite
de ce même caractère pour être en état de *deviner* le ſens
de la phraſe. Ou je me trompe fort, ou c'eſt bien là ce
qu'on appelle *avoir à toute rigueur le plus grand beſoin
d'être* TRADUIT.

P. 31. l. 13. « Une
» foule *d'objets nou-*
» *veaux* demandèrent.
» *&c... P. 37. l. 17. À*
» *cette époque une* foule
» *de génies* entrèrent *à*
» *la fois dans la Lan-*
» *gue Françoise, & lui*
» *firent parcourir* TOUS
» *ses périodes.... P. 14.*
» *l. 14.* Une foule *d'au-*
» *tres causes* se présen-
» te ».

Je dis & je déclare ici publi-
quement, & je le soutiendrai envers & contre tous, qu'il y a un
solécisme horrible dans la construction des deux premières phra-
ses ici citées. — Le verbe François doit, avec la rigueur la plus
stricte & la plus absolue, s'accorder en nombre & en personne
avec son nominatif : & , quand je
dis son nominatif, j'entends son
nominatif matériel & physique,
NON PAS *son nominatif métaphy-*
sique, c'est-à-dire, *putatif* ou *sup-*
posé. Il faut être sévère là-dessus en François , & ne pas
entendre raillerie du côté des exceptions : il ne sauroit y
en avoir aucune de valable à cet égard, conséquemment
aucune de recevable , dans notre Langue. Et, la raison ?
— La voici. Nous avons en François autant de mots collectifs qu'aucune Langue de l'Univers : puisque, sans qu'on
puisse nous accuser de fatuité , d'orgueil ni de présomp-
tion, nous pouvons dire avec justice de nous-mêmes que
nous sommes aussi civilisés qu'aucune des autres Nations
de l'Univers, & que nous avons conséquemment autant
d'associations ou de corps composés & politiques, qu'aucune d'elles. Cependant , dans notre Langue, les mots
famille , assemblée , peuple , Parlement , généralité , compa-
gnie , & tant d'autres de cette espèce que nous avons en
commun avec toutes les autres Langues d'Europe, ne

permettroient pas que le verbe, dont ils se trouveroient
être le nominatif, fût au plurier. Aucune oreille françoise
n'entendroit sans convulsion, *toute la famille s'en* FURENT
coucher : *l'assemblée* DÉCIDÈRENT *unanimement que* &c :
tout le peuple ÉTOIENT ENCHANTÉS *de son air* ; *toute la
compagnie se* FIRENT *un plaisir de la suivre* ; &c, &c. En
Anglois, au contraire, la règle est généralement le rebours
de la nôtre, & elle est sans exception. Tous ces noms,
sous la forme singulière, n'en exigent pas moins absolument le verbe qui les suit au plurier. Il n'y auroit qu'un
plat Ecrivain dans cette Laugue qui ne l'y placeroit pas :
& il est vrai qu'il est bien peu de circonstances où le singulier seroit admissible, sans détruire l'élégance & l'harmonie de la phrase. — Quant à nous, nous n'avons à peu-
près que *deux* ou *trois* mots (du moins je ne m'en rappelle
pas un plus grand nombre) après lesquels ON PRÉTEND
que le verbe doit se mettre au plurier. Ces mots sont,
DIT-ON, *la plûpart* & *une infinité*, auxquels certains par-
tisans du *Discours critiqué*, afin sans doute d'en justifier
l'Auteur, ont cherché devant moi à associer celui de *foule*.
Mais, je maintiens que la règle est fausse & mauvaise en
François, malgré l'autorité de *Restaut*, le plus ignorant de tous
les Grammairiens, dont on m'a fait voit la règle, & malgré
l'autorité de vingt autres encore, beaucoup plus respecta-
bles, dont j'ignore, sans rougir, l'opinion à ce sujet, &
qui en ont *peut-être* une semblable. Ma raison, pour dire
que cette règle doit être fausse & mauvaise en François,
est qu'elle n'est pas universelle ; & que les autres mots
collectifs de notre Langue y répugnent. Tandis qu'en
Anglois, je suis encore le premier à convenir que cette

même règle ne peut être que bonne, attendu l'uniformité
& l'univerſalité de la règle qui embraſſe tous les mots
collectifs de cette Langue, ſans qu'un ſeul ait la permiſſion
de s'en échapper. Par conſéquent, CONCLUONS que, fût-
il vrai que cette *conſtruction monſtrueuſe*, du nominatif ſin-
gulier avec ſon verbe au pluriel, fût réelle en François à
l'égard des deux mots cités (*la plupart* & *infinité*) ; & en
ſuppoſant, ce qui eſt encore plus fort, qu'elle ſe trouvât
dans nos meilleurs Ecrivains, comme je ne voudrois pas
jurer que cela ne fût vrai; IL NE FAUDROIT pas moins la
PROSCRIRE abſolument & ſans rémiſſion comme VICIEUSE
& DÉSHONORANTE POUR LA LANGUE, attendu ſa pauvre
particularité réduite à *deux* miſérables mots. — Or, une
telle conduite eſt ce qu'on devroit attendre d'un Écrivain
pur & ſage, pour peu qu'il ſe reſpectât, lui, ſon ſiècle &
ſon Payis, & qu'il ſe piquât d'être un ſtrict & rigoureux
Obſervateur des règles dictées par une Logique & une
Philoſophie également ſaines ; & l'on en trouveroit ſans
doute de cette eſpèce, s'ils étoient encouragés par l'accueil
du Public & les honneurs Académiques. Non-ſeule-
ment, alors, tout Écrivain ſe feroit un point capital d'é-
viter par des tournures agréables de copier les fautes que
la facilité, l'inattention ou l'ignorance de ſes ancêtres auroit conſacrées avant lui, & que leur ancienneté & l'uſage
continuent d'autoriſer: mais encore, il ſe roidiroit rigoureuſement contre l'introduction des nouvelles erreurs qui
ſe préſentent preſque tous les jours dans les laves d'é-
crits éphémères, que ne ceſſent de vomir les Volcans
enflammés de la pétulance & de la frivolité françoiſes.
— Par de ſemblables procédés, s'ils étoient générale-

ment obfervés, il eft évident qu'une Langue pourroit
en tout temps-fe purifier & acquérir graduellement le
mérite de la perfection. Les erreurs anciennes qui s'y
feroient gliffées, expulfées par la délicateffe de l'or-
ganifation des Modernes, & ne fe repréfentant plus à
nos ieux ni à nos oreilles, ne feroient plus de profé-
lytes; elles tomberoient infenfiblement en défuétude,
& l'on auroit encore la certitude qu'aucune autre ne
pourroit déformais leur fuccéder.

.. Je finirai cette remarque par l'obfervation que l'Auteur du *Difcours critiqué*, aïant emploïé *trois fois*
cette phrafe dans fon Ouvrage, a conftruit *deux fois*
le fingulier *foule* avec le verbe au plurier, & *une fois*
ce même *foule* avec le verbe au fingulier; & que cette
dernière conftruction (qui eft la régulière & la gram-
maticale) fe trouve cependant la première des trois.
A coup fûr, & j'efpère bien qu'on ne cherchera pas
à me contefter cet argument-ci, l'une des deux for-
mules doit être fautive. Ainfi, je conclurai que notre
Auteur ne fauroit difconvenir d'avoir commis un folécifme foit dans l'un ou dans l'autre cas, puifqu'il y
eft en contradiction avec lui-même. Pour moi, j'opine
pour placer le folécifme dans les deux phrafes à conftruction plurielle.

Mais ce n'eft pas encore là tout. Nous avons encore un autre folécifme à relever ici, & un folécifme
impardonnable, injuftifiable; celui d'avoir fait le mot
périodes du genre mafculin, tandis qu'il eft du féminin
aux oreilles les plus ignares toutes les fois qu'il fignifie une
mefure de tems. Il n'eft jamais du genre mafculin que

lorfqu'il s'entend du point le plus élevé auquel on tend à parvenir ; & , alors , il eſt phyſiquement & métaphyſiquement impoſſible qu'il ait un plurier. Or , *tous* caractérife la multiplicité des *périodes* ; d'où il s'enfuit que l'Auteur entend ici des *époques* , des meſures de tems , & en ce cas , *période* eſt du genre féminin.

P. 34. & 35. l. ult. & *1, 2, 3 & 4. C'eſt une chofe remarquable , qu'à quelque époque de notre Langue qu'on s'arrête depuis...juſqu'à .... & dans quelque imperfection qu'elle &c. elle* AIT *toujours &c.*	Quelle abominable *cacopho-nie* ! Quelle étrange ribambelle de ka - ka-ra - ke-kon ki ko ku. DOUZE articulations gutturales feulement dans l'eſpace de quatre lignes, fans compter le foléciſme du fubjonctif AIT que rien ne régit, au lieu du pofitif.*a* ! ! ! !

. . . .

. . . .

&c.   &c.   &c.   &c.   &c.

Mais, il eſt temps de s'arrêter lorſque fur 92 pages de texte à examiner, on voit qu'on n'eſt encore arrivé qu'à la 35e, & qu'on a cependant relevé déjà quatorze fautes grâves fans compter celles que l'on a paſſées tout-à-fait, & celles qui fe trouvent encore dans les paſſages mêmes déjà cités & critiqués, fur lefquels on a cru devoir gliſſer, afin de ne pas fatiguer le Lecteur par des détails trop minutieux. — Par exemple, quoiqu'on ait relevé, pag. 11 du *Difcours critiqué* , l. 23 & 24, l'abfurdité d'une lumière **du** midi placée au milieu de ténèbres qui se trouvent logés à l'occidenr, on n'a presque rien dit de la ridicule impropriété d'emploïer le terme *masse* en parlant d'*esprit* ; une *masse d'esprit* est certainement une idée grotesque qui ne peut que faire rire les gens de bon sens, & en donner une bien petite de la garniture du cerveau de l'Auteur. — Quoique dans le dernier article ci-dessus on ait relevé la *cacophonie* de toutes les *cacations* gutturales qui s'y rencontrent, on n'a point parlé du solécisme de l'adverbe *quelque* emploïé devant un substantif, au lieu de l'adjectif *quel.... que*, & *qu'elle.... que* : on n'a point dit que l'Auteur auroit dû avoir écrit *à* QUELLE *époque* (& non *à* QUELQUE *époque*) *de notre Langue* QUE *l'on s'arrête* : & encore, *dans* QUELLE *imperfection* QU'elle. ... & non QUELQUE *imperfection* QU'elle, &c. Cette dissertation, comme beaucoup d'autres que l'on a négligées, auroit tenu trop de place si l'on eût voulu entrer dans tous les détails nécessaires pour prouver la solidité de la règle contre l'usage vulgaire du contraire. Ainsi, nous nous contenterons de citer encore quelques fautes sans nous amuser à faire des dissertations qui occuperoient plus de papier que nous n'avons dessein d'en emploïer désormais à cette critique.

P. 9. l. 6. & p. 40. l. 17. De tout côté.

Solécisme : il falloit *de tous côtés.*

P. 9. l. 7 & 8. Peut-être que sa décadence eût.......si sa littérature avoit....

Autre solécisme : *eût* auroit dû suivre *si*, & *auroit* prendre la place de *eût.*

Ibid. l. 20. Le pre-mier d'abord traduit.

D'abord, dans le fens dans lequel il eſt ici emploïé, & qui eſt celui de *ſtatim*, *illicò*, c'eſt-à-dire, *auſſi-tôt*, ne ſe dit point en François. Nous ne l'entendons plus que pour *primo*, *en premier lieu*; & il eſt alors toujours ſuivi d'*enſuite*. Cependant, quelques gens du peuple diſent encore *tout d'abord* dans le ſens où l'Auteur du Diſcours critiqué l'a emploïé ici:

P. 12. *l.* 6. *C'eſt que de tous les tems les Papes*, &c.

On dit bien *de tout tems*, mais non pas *de tous les tems*: il falloit dire *dans tous les tems*.

Ibid. l. pénult. Mais les ſublimes concep-tions de ces trois grands hommes, &c.

Conceptions eſt ici un terme impropre: l'Auteur veut dire ſans doute *inventions*, *imagina-tions*.

P. 15. *l.* 18. & *p.* 27. *l.* 23. Annoblir.

Comme ce mot vient de *in* & non de *ad*, c'eſt une faute d'orthographe que d'écrire *annoblir*, au lieu de *ennoblir*.

P. 30. *l.* 19 & 20. *Quand l'autorité publi-que eſt affermie, que* &c.

Que répréſente il eſt vrai quelquefois chez nous l'adverbe *quand*; mais, ce n'eſt pas ici le lieu.

P. 31. *l.* 6. *C'eſt ce qui arriva aux premières an-*

Aux eſt ici un barbariſme. Diroit-on *A* la première année de *ntes de Louis XIV.* .... *sa vie ?* Non. Donc.... suivant les circonstances que l'on voudroit exprimer, il faudroit choisir entre *vers, dès, dans, pendant, durant, à l'époque de,* &c.

P. 40. l. 23. Sortie d'empire qu'aucun peuple je sache.

Qui a encore jamais dit *je sache* au lieu de *que je sache ?*

P. 43. l. 3. Des essaims d'Ouvriers entrèrent en France & en RAPportèrent...

Ces Ouvriers ont peut-être REMporté, mais non pas RAPporté. On ne *rapporte* que quand on est parti du lieu où est celui qui parle : de tout autre point on *remporte* quand on y retourne.

P. 55. l. 5. Et la nôtre (Langue) à jamais dénuée de Prosodie ne s'est dégagée qu'avec peine de ses articulations rocailleuses.

Pour venir de la part d'un Apologiste de la Langue Françoise, c'est lui faire un sot compliment sans doute que de la déclarer *à jamais dénuée de Prosodie.* Mais, on auroit encore beaucoup d'obligation à l'Auteur de ce célèbre *Discours,* s'il vouloit bien nous TRADUIRE lui-même l'épithète de *rocailleuse* qu'il donne aux *articulations* de la Langue Françoise ; car, personne ne la comprend.

P. 58. l. pénult. jusqu'au moment où la Nature vienne renouveller &c.

Ce subjonctif non régi au lieu d'un futur est-il François ? Solécisme : il falloit *viendra.*

P 61. l. 19. Peu d'o-
bligations.

Peu demande un singulier après lui : & *obligations* au pluriel doit être régi par *un petit nombre* & non pas par *peu*.

P. 64. l. pénult. Pour *écrire l'Histoire* grande & calme *de la Nature* &c.

Grands mots vuides de sens ! Conçoit-on que l'Histoire de la Nature qui est toujours en action puisse admettre l'épithète de *calme*, sur-tout après l'exemple du bouleversement de la Calabre arrivé presque *hier*?

&c. &c.
&c.

&c. &c.
&c.

P. S. Comme nous en étions ici, & que nous finissions nos remarques, un ami nous a adressé les observations suivantes. Notre caractère n'étant pas de nous parer des plumes du Paon, nous donnerons ces observations telles que nous les avons reçues sans y rien ajouter du nôtre, quoiqu'elles en renferment un grand ---- ---- nous avions négligé de faire.

REMARQUES

REMARQUES *communiquées par un ami.*

AVIS *sur le revers du Frontispice.*

Sans quelque pudeur *se la proposer* elle-même.

Pudeur *est tout le contraire du mot propre : il faut* arrogance. Se la proposer ELLE-même, *soléscisme :* c'est A *elle-même.*

DISCOURS.

P. 33. l. 15, 16, 17 &c........ *Que nos pères étoient* tous naïfs ; *que c'étoit un* bienfait *de leur tems....* si bien que &c.

Tous naïfs, mauvaise expression : *que c'étoit un bienfait,* construction vicieuse : il falloit dire *que cette naïveté étoit une* PRÉROGATIVE *attachée à leur langage :* un bienfait *ne peut pas être* attaché. Si bien que *n'est pas François,* il falloit *ensorte que :* le même *si bien que* se trouve encore p. 40. l. 14. au lieu de *ensorte que.*

P. 35. l. 3 & 4........ *Dans quelque imperfection qu'elle se trouve de siècle en siècle.*

Solécisme de tems : il falloit *qu'elle se soit trouvée.*

P. 37. l. 17 & 18. *Une foule de génies vigoureux entrèrent dans la Langue Françoise.*

Cette métaphore n'est pas supportable en François.

C

P 40. l. 16 & 17. On étudia notre Langue de tout côté.

Outre qu'il falloit dire *de tous côtés*, l'expreſſion eſt encore vicieuſe, il falloit dire *par-tout*.

P. 41. l. 10. Les poëmes, les tableaux, les marbres ne reſpirèrent que pour lui.

L'Auteur veut dire probablement que ſous ce règne il y eut de grands Poëtes, de grands Peintres, de grands Sculpteurs. Il s'eſt mal exprimé.

P. 48. l. 22. Comme s'il étoit toute raiſon.

Soléciſme. Il faut *tout : tout* doit ſe rapporter à celui qui eſt *raiſon*, & non à *raiſon*. Comme s'il étoit *tout entier, tout-à-fait, entièrement raiſon* : non pas comme s'il étoit *toute ſorte, toute eſpèce de raiſon.*

P. 59. l. antépén. La terre demande la pluie.

Soléciſme. *Demande* DE *la pluie*

P. 60. l 16 & 17. A rétrécir le naturel qui eſt la baſe.

Conſtruction vicieuſe: *qui* EN *eſt la baſe.*

P. 61. l. 9. Pourtant.

Ce mot eſt répété ſouvent dans le *Diſcours* ; il n'eſt pas du ſtyle noble.

Ibid. l. pénult. C'eſt à l'ennui d'un peuple d'oiſifs.

Peuple eſt rigoureuſement collectif, & n'eſt pas ici le mot propre de la choſe. Il préſente une idée fausse. On diroit qu'il y avoit une société d'hommes qui ne faisoient autre chose que s'ennuier & rester dans l'oisiveté.

P. 63. l. 21 & 22. *Qu'elles* se font *réellement* immortelles.	Mauvaise phrase : *qu'elles obtiennent l'immortalité.*
P. 67. l. 1. Et c'est un problême de plus.	La copule *&* est ici de trop.
Ibid. l. 14. Comme s'ils eussent rompu le contrat éternel *que tous les corps ont fait avec elle.*	Idée fausse. Ce n'est point en vertu d'un contrat que les corps tendent vers la terre.
Ibid. l. antépen. Il faudra bien qu'elle abandonne.	Phrase louche : il faut dire *que* CELLE-CI *abandonne* afin de déterminer le rapport de ce membre au mot *imagination* : autrement la phrase est amphibologique.

&c. &c.
   &c.

&c. &c.
   &c.

Telle est donc, M. le Baron, une *petite* partie des *barbarismes* & des *fautes de goût, de propriété d'expression* &c, que je vous avois annoncées comme se rencontrant dans le *Discours* qui a remporté, on ne sait comment, le prix de la célèbre & très-respectable Académie de Berlin sur l'*Universalité de la Langue Françoise.* Vous voudrez bien

j'efpère, permettre que je me garde de toucher aux *notes*
qui font à la fuite de ce *Difcours*. Comme elles font pour
la plûpart grammaticales & que l'Auteur, fur ce fujet, me
paroît être auffi inepte, & raifonner auffi fauffement que
s'il n'avoit jamais connu les premiers élémens du langage,
je ne pourrois guères entammer cette nouvelle matière
fans me mettre dans le cas de faire ufage, pour le com-
battre des armes & des argumens dont je me fers dans mon
Ouvrage de l'*Anatomie de la Langue Françoife* que je viens
d'annoncer, & qui eft actuellement fous preffe. Alors,
comme difent fort énergiquement les Anglois, ce feroit
pofitivement *foreftalling myfelf*, & conféquemment faire
tort à mon Livre & à fes acquéreurs. Quant au langage
de ces mêmes notes, je vous avoue qu'il n'eft pas moins
barbare que celui du *Difcours* même ; témoin, entre autres
barbarifmes, on crpit ɒ'entendre (au lieu de on croit entendre) deux fois répété & prefque coup fur coup, p. 80. l.
1. & 82. l. 4. Mais je paffe par-deffus tout cela, afin de ne
m'occuper plus que des nouveaux *lapfus linguæ* dont four-
mille la petite Lettre du 15 Octobre dernier que l'Auteur
du *Difcours critique* a adreffée à mon fujet aux Auteurs du
Journal de Paris dont la partialité s'eft manifeftée par le
refus qu'ils m'ont fait, quelques jours après, d'inférer la
réponfe que je leur avois envoïée le 25 fuivant. *

Je fuis, en attendant, avec la plus parfaite confidération,
Monsieur,

Votre, &c.
Le Chevalier DE Sauseuil.

* Cette Lettre aux *Journaliftes de Paris* fe trouve dans l'*Avis*
au Lecteur qui eft placé à la tête de celles-ci, p. ix.

TROISIÈME LETTRE.

*Examen de celle * que l'Auteur du* Discours *critique a jugé à-propos de faire insérer dans la feuille du* Journal de Paris *du 15 Octobre dernier, N° 289.*

A Paris, le 8 Novembre 1784.

M O N S I E U R,

Nous voici donc enfin arrivés à la célèbre Lettre qui fait aujourd'hui tant de bruit dans Paris, & que l'Auteur du *Discours sur l'Universalité de la Langue Françoise* vient d'insérer depuis peu de jours dans le *Journal* de cette Ville. Je crois vous avoir déjà annoncé dans ma dernière que cette petite Lettre, toute courte qu'elle est, contenoit alors ONZE *lapsus linguæ* : mais, *actuellement*, que je la reprens, & que je l'ai sous les ieux pour vous en faire l'analyse, j'en trouve DOUZE. En vérité, c'est une fourmillière : & il semble que plus on la relit, plus on en découvre.

Je ne releverai point la légèreté d'esprit qui fait débuter cet Auteur dans sa Lettre par le reproche qu'il me fait d'avoir répandu 50 MILLE *Prospectus* dans Paris. Instruit par quelqu'un, qui nous est connu à tous deux, & long-tems avant d'en avoir encore jamais vu un seul, que j'en ai fait tirer ce nombre, je n'en ai pas plutôt lâché 4500 seulement par la voie du *Journal*, qu'il conclut que ce font

* Cette Lettre se trouve ci-devant p. iv. de l'*Avis au Lecteur.*

C 3

les 50 mille dont on lui a parlé. Ce n'eſt pas là une faute
de Grammaire, ſans doute : mais, c'en eſt une, au moins,
de jugement qui ſert bien à développer le caractère de celui
qui parle, & qui prouve bien évidemment qu'avec des
diſpoſitions pour l'inconſéquence & la légèreté d'eſprit
auſſi marquées , on ne doit pas s'attendre que cet
Auteur ſoit capable de s'attacher à peſer pédantiquement
la valeur des mots ni leur concordance ; & que c'eſt aſſez
pour lui, lorſqu'il s'en ſert, de les joindre dans l'ordre
à-peu-près ſeulement où ils doivent être. D'après de tels
principes, il ne ſauroit donc manquer d'être pleinement
juſtifiable & juſtifié à l'égard de toutes les *fautes* que je lui
ai déjà reprochées & de celles que je vais lui reprocher
encore.

La première eſt celle de la prépoſition SUR , au lieu de
DE , que , ligne 2 de ſa lettre, il emploie en parlant de
mon *Proſpectus*. Je n'ai jamais encore entendu parler de
Proſpectus SUR des *Ouvrages*. Quand on veut faire connoître des *Ouvrages* avant de les mettre au jour, on EN
publie les *Proſpectus* : & ces *Proſpectus* ſont par conſéquent
les *Proſpectus* DE tels & tels *Ouvrages* , & non pas les
Proſpectus SUR tels & tels *Ouvrages*. *Proſpectus* eſt le latin
de *Proſpect* ; il vient de *proſpicere* qui ſignifie voir devant
ſoi. Un *Proſpectus* , dans la littérature, eſt donc ce qu'un
Payiſage eſt dans la *Peinture*. Ici, c'eſt un *Proſpect* phy-
ſique qu'on vous préſente : là c'eſt un *Payiſage* métaphy-
ſique. Mais, tous deux ſont bien également la deſcription
d'un certain objet , pris dans un certain jour , ſous un
certain point de vue , & , dans cet état, offert à la conſidé-

ration publique. Or, diroit-on en ce cas *Vue* ou *Prospect* SUR le *Pont de Westminster*, ou bien *Vue* DU *Pont*, *Prospect* DU *Pont de Westminster ?* Je le laisse à décider. — Cependant, je ne prétends pas affirmer non-plus qu'on ne sauroit dire, (en parlant d'un Libraire, par exemple,) qu'il a chargé quelqu'un de lui faire UN *Prospectus* (à la rigueur) SUR (mais beaucoup mieux & plus correctement encore) POUR un certain Ouvrage : lequel *Prospectus*, quand il est fait, devient aussi-tôt LE *Prospectus* DE tel Ouvrage. Comme on compose DES Poèmes SUR *Énée*, SUR *Henri*, SUR *Odysse* (ou *Ulysse*) SUR *Colomb* &c ; qui, dès-qu'ils sont faits deviennent aussi-tôt LES Poèmes DE l'*Énéide*, DE la *Henriade*, DE l'*Odyssée*, DE la *Colombiade* &c , &c. Or, dans le cas présent, le *Prospectus* en question étoit celui DE l'*Anatomie de la Langue Françoise* très-certainement.

La ligne au-dessous ; notre Auteur ajoute, en parlant de ces mêmes *Prospectus*, RÉPANDUS GRATUITEMENT DANS PARIS. Il est bien évident ici qu'il n'entend pas un mot de la Langue Françoise ; puisqu'il ignore la différence entre *gratis* qu'il veut dire, & *gratuitement* qu'il dit. Ces deux termes ne sont nullement synonimes. — Nos Spectacles jouent quelquefois GRATIS pour contribuer à la joie publique, à l'occasion d'un évènement heureux TEL que la NAISSANCE D'UN DAUPHIN &c ; mais, ils seroient certainement bien fâchés que ce fût GRATUITEMENT, ou *envain*. En renonçant à la rétribution *physique*, qui est l'argent qu'ils ne prennent point du Public, ils ne renoncent point à la rétribution morale ou *métaphysique* qui

eſt celle d'être ſûrs qu'ils excitent dans l'âme de leurs
Spectateurs du plaiſir & de la reconnoiſſance ; & , dans
celle , de leurs SOUVERAINS ; de la Nation en général ,
& du Gouvernement, un certain ſentiment d'eſtime pour
leur loïauté & leur affection. C'eſt dans ce même ſens que
j'ai répandu mes *Proſpectus* GRATIS ſans doute ; mais , non
pas GRATUITEMENT que je ſache. — Il y auroit encore
mille choſes à détailler ſur la différence qui exiſte entre ces
deux expreſſions. Mais , les bornes d'une Lettre m'obli-
gent de les ſupprimer ; & avec d'autant plus de raiſon ,
que la réflexion les indiquera aiſément à ceux qui voudront
ſe donner la peine d'en faire quelques-unes ſur ce ſujet ,
ſur-tout après avoir été mis ſur la voie comme ils peuvent
l'être actuellement par le peu que je viens de dire.

Deux lignes plus bas ; l'Auteur ajoute que ces *Proſpec-*
tus ONT DONNÉ *lieu à une petite erreur ſur laquelle il doit*
PRÉVENIR *le Public.* Cette erreur étant un fait paſſé &
arrivé, ainſi qu'il paroît par ſon expreſſion *ONT DONNÉ*
LIEU , le terme *PRÉVENIR* , dont il ſe ſert enſuite , eſt impropre & déplacé. On ne *prévient* point ſur un fait paſſé ;
mais , ſur un fait à venir. Le mari d'une femme doit être
arrêté demain ; il faut l'en *prévenir* , & lui auſſi , afin
qu'ils évitent ce malheur. Mais , il vient d'être arrêté ; &
elle l'attend encore tranquillement chez elle pour dîner :
il faut vîte aller l'en *inſtruire* , l'en *informer* ; il n'eſt plus
tems de l'en *prévenir*…. Comme il n'étoit plus tems, pour
l'Auteur en queſtion , de prévenir le Public ſur l'erreur à
laquelle il étoit probablement ſûr que mes *Proſpectus ré-*
pandus avoient DÉJA donné lieu ; puiſqu'on prétend qu'il
en avoit été témoin dans pluſieurs Cafés..

Mais, voici bien d'autres folécifmes. *Neuf* feulement dans *huit* lignes, & des lignes qui n'ont pas deux pouces & demi de long. Voici le paffage. « En difant que *le Difcours* » *fur l'Univerfalité de la Langue Françoife* AVOIT befoin » *d'être traduit en François* ; qu'il ÉTOIT *fâcheux qu'on ne* » *l'*EUT *point écrit dans l'idiôme qu'il* TRAITE ; *que cet* » *Ouvrage* ATTENDOIT *qu'une plûme favante en* FIT *une* » *traduction ; il* AVERTIT *feulement* » &c , &c. Quelle confufion * énorme de tems ! Tâchons cependant de débrouiller ce cahos. Je n'ai point dit que le *Difcours* en queftion AVOIT *befoin d'être traduit* ; j'ai dit pofitivement qu'il A *befoin de l'être.* Le *Difcours* exifte encore, & le befoin d'être traduit, fi jamais il en eut un, continue d'exifter avec lui, & doit durer autant que lui, ou du moins jufqu'à ce qu'il foit traduit. Mais, fi l'Auteur eft d'avis qu'il faut dire ici *avoit, étoit, eût* ; pourquoi chan-

---

* Je n'ai pas relevé une feule de ces fautes dans ma précédente parce que j'aurois eu trop à dire à ce fujet, & que le *Difcours* en eft abfolument hériffé. On y voit clairement que notre Auteur ne connoît point la différence entre les trois tems François *étoit, fut* & *a été,* & qu'il les met alternativement l'un pour l'autre & au hafard , comme ils lui viennent au bout de la plume. Cette confufion n'eft excufable que dans des Étrangers. Elle eft par exemple très-commune dans la bouche des Anglois qui commencent à parler notre Langue. Mais ce qui m'a toujours furpris c'eft qu'un grand nombre de ceux qui traduifent l'Anglois, (à coup de Dictionnaire fans doute) commettent cette même faute & confondent auffi tous les tems, induits probablement à les méconnoître ainfi par leurs Grammaires & leurs Maîtres. ——

ge-t-il donc ſi vîte de tems & dit-il tout-de-ſuite *dont il*
TRAITE & non pas *dont il* TRAITOIT? Cela eſt tout à la
fois diſſonant & contradictoire. Pour s'accorder avec lui-
même, il auroit abſolument dû dire auſſi TRAITOIT. Cependant, il a ſenti, à ce qu'il paroît, qu'il faut ici *traite ;*
& *traitoit* a, ſans doute, choqué dans ce moment-là ſon
oreille. Eſt-ce là ſavoir & entendre la Langue Françoiſe?
Peut-on s'expoſer à l'écrire, & peut-on en parler digne-
ment, quand on héſite & vacille ainſi entre les tems;
quand ón ne ſent pas la différence qui ſe trouve entre le
Préſent poſitif & le *Préſent relatif? Ab actu ad poſſe valet*
conſequentia. Il faut bien qu'on le puiſſe, puiſqu'il le fait.
Car, revenant une ſeconde fois à ſon tems paſſé, il me
fait encore dire que *cet Ouvrage* ATTENDOIT (au lieu
d'ATTEND) *qu'une plume ſavante en* FIT (au lieu de FASSE)
une traduction : puis, changeant encore de tems, il me fait
ajouter que *je ne* PRÉTENDS *pas dire qu'il* AIT *fait une tra-*
duction, & que J'AVERTIS *ſeulement....* Pour être encore
uniforme il auroit donc dû dire que *je ne* PRÉTENDOIS
pas dire, & que J'AVERTISSOIS. Mais, ce n'eſt pas encore là tout. Dans la phraſe « l'*Auteur ne* PRÉTEND *pas*
» *dire que* J'AIE *fait....* On demande pourquoi J'AIE ſe
trouve là au Subjonctif? Ce J'AIE eſt inconteſtablement un
ſoléciſme. *Prétendre* ne ſauroit régir le ſubjonctif *après lui*,
à moins qu'il ne comporte un ordre, un commandement, *en*
lui. Dès qu'il n'y a point d'*impérativité* dans *prétendre,* il ne
ſauroit y avoir de *contingence* dans le verbe qui le ſuit;
donc point de *ſubjonctif* pour ce verbe-là; & il faut qu'il
marche au *Poſitif. Je* PRÉTENDS *que vous* ALLIEZ *à Ver-*
ſailles tout-à-l'heure; — que vous LISIEZ; *— que vous*

CHANTIEZ &c : c'eſt-à-dire, *je le veux, je l'entends, je
l'ordonne ainſi.* Mais, *je* PRÉTENDS *qu'il* EST ou *qu'il* N'EST
PAS *à Verſailles actuellement* &c , &c : tout le reſte du rai-
ſonnement ſe ſent aſſez. Paſſons au *douzième lapſus linguæ.*

Dans le dernier *alinéa* l. 3, notre Auteur dit: « *S'il*
» ARRIVOIT *pourtant qu'il* (en parlant de *moi*) EUT *parlé*
» ſérieuſement* ». Voici encore la même erreur que nous
avons déjà corrigée plus haut en parlant de *prévenir le*
Public. N'eſt-ce pas un fait paſſé & fini que *j'ai dit* quelque
choſe? Que ce quelque choſe poſitivement EST ou N'EST
PAS *ſérieux.* Or, ſi c'eſt un fait déjà paſſé, il ne peut donc
pas arriver : il l'eſt *déjà* ARRIVÉ ; j ai *déjà*, ou je n'ai *déjà*
pas parlé ſérieuſement. Comment donc peut-il dire *s'il*
ARRIVOIT ? — J'écris à quelqu'un, actuellement en
Province, qu'on dit devoir être à Paris vers Pâques prochain. Je puis lui dire alors, *s'il* ARRIVOIT *que vous fuſſiez*
à Paris vers Paques prochain, je vous propoſerois de faire
avec moi le voïage de Londres. — Mais, j'écris à quelqu'un
que je crois actuellement à Paris ; lui dirai-je alors, *s'il*
ARRIVOIT *que vous fuſſiez* ACTUELLEMENT ou (*dans le*
moment où vous recevrez, où vous lirez ma Lettre) *à Paris?*
ARRIVER & ACTUELLEMENT ſont auſſi incompatibles
que le feu & l'eau. Il y eſt ou il n'y eſt pas ; c'eſt un fait.
Donc ce fait ne peut pas arriver, puiſqu'il l'eſt on ne l'eſt
déjà pas. Comment dois-je donc m'exprimer en pareil cas?
Je dois dire, *s'il ſe trouvoit, s'il ſe rencontroit par haſard*
que.... &c. Et c'eſt ce que l'Auteur du *Diſcours critique*
auroit inconteſtablement dû dire auſſi.

Adieu! adieu donc, Monſieur le Baron ; voilà aſſez de

bavardé fur une pauvre petite Lettre de *trente* lignes bien courtes, & auffi chargée de fautes, de folécifmes & de contrefens qu'il eft honnêtement poffible d'en ramaffer dans un fi petit efpace *, à moins de vouloir abufer tout-de-bon de la permiffion & fe moquer tout-à-fait des gens.

Je fuis avec la plus parfaite confidération,

MONSIEUR,

Votre, &c.

Le Chevalier de SAUSEUIL.

---

* Après tout, l'Auteur de cette Lettre n'a pas lieu de fe défefpérer des *douze* fautes qu'on vient de lui démontrer exifter dans un fi petit morceau de fa compofition. Il lui refte un grand fujet de confolation devant les ieux que, par eftime pour un fonds d'efprit que nous nous piquons de reconnoître en lui, nous nous croïons obligés de lui offrir. Et le voici; c'eft qu'un célèbre Ecrivain du fiècle dernier, dont la mémoire eft même encore précieufe aujourd'hui « a fait plus de fautes » dans trois ou quatre petites pages de profe, qu'il n'y en a dans toute » une Tragédie de Racine ». — Or, ce célèbre Ecrivain eft M. PERRAULT de l'Académie Françoife. Les *trois* ou *quatre* petites pages de profe en queftion font l'Épître Dédicatoire que fa Compagnie l'avoit chargé de faire au Roi en 1694, lorfqu'elle fut fur le point de mettre au jour fon Dictionnaire, & dans laquelle l'Abbé Regnier & Racine trouvèrent 31 fautes qu'ils notèrent en marge d'une des quarante copies que M. *Perrault* avoit fait imprimer pour les diftribuer à tous fes confrères, afin que chacun en fon particulier fe donnât la peine de l'examiner..... C'eft par cette anecdote que nous avons cru devoir adoucir l'amertume que quelques perfonnes trouveront peut-être dans notre critique, & qui, s'il eft vrai qu'il en exifte tant foit peu, ne s'y rencontre certainement pas à deffein.

LE CHEVALIER DE SAUSEUIL.

F I

www.ingramcontent.com/pod-product-compliance
Lightning Source LLC
Chambersburg PA
CBHW050517210326
41520CB00012B/2344